Kleine EISBÄREN

Fotos und Text von Thorsten Milse

Reader's Digest
DEUTSCHLAND · SCHWEIZ · ÖSTERREICH

Impressum

Der Fotograf und Autor:
Thorsten Milse ist ein international bekannter Natur- und Tierfotograf. In den letzten 15 Jahren bereiste er viele Regionen dieser Erde. Die jungen Eisbären, die er im Wapusk National Park im Norden Kanadas fotografierte, faszinierten ihn besonders. Mit einem Eisbären-Foto gewann er den Grand Prize beim amerikanischen Naturfotowettbewerb Nature's Best und einen Preis beim renommierten BBC Wildlife photographer of the year.
Er veröffentlicht u.a. in Magazinen wie GEO, BBC Wildlife, Nature's Best und Illustreret Videnskab.

Bildnachweis:
Seite 28, 162: © Norbert Rosing
Umschlagklappe: © Christina Karliczek

Alle anderen Bilder stammen von © Thorsten Milse.
www.wildlifephotography.de

Textquellen:
Dr. Ian Stirling, Polar Bears, 1998
Dr. Ian Stirling, Bären, 2002
Dr. Robert Wrigley, Polar Bear Encounters, 2001
www.polarbearsinternational.org
www.pc.gc.ca/pn-np/mb/wapusk/index_e.asp
www.watchee.com

Zeichnungen: Stephanie Weber

Mit freundlicher Unterstützung von Canon Deutschland

Alle Angaben dieses Werkes wurden vom Autor sorgfältig recherchiert und auf den aktuellen Stand gebracht sowie vom Verlag geprüft.
Für die Richtigkeit der Angaben kann jedoch keine Haftung übernommen werden.

Projektleitung: Gerhard Grubbe
Redaktion: Dr. Birgit Kneip
Graphische Gestaltung und DTP: Alexandra Finke, Lemgo
Kartografie: Astrid Fischer-Leitl, München
Herstellung: Bettina Schippel
Technische Produktion: Passavia Druckservice, Passau
Printed in Italy by Printer Trento s.r.l.

Unser Gesamtverzeichnis finden Sie unter
www.bucher-verlag.de

Sonderausgabe 2008 für Reader's Digest:
Verlag Das Beste GmbH
Stuttgart, Zürich, Wien

ISBN: 978-3-89915-516-7

Ein Buch zum Internationalen Polarjahr 2007/08
www.polarjahr.de

Inhalt

Wapusk National Park

Das Wort der Cree-Indianer für die großen Bären im Gebiet um die westliche Hudson Bay lautet „Wapusk“. Danach wurde der 37. Nationalpark Kanadas benannt.

Parks Canada, die Organisation der kanadischen Nationalparks, hat den Auftrag, in jeder Naturregion des Landes einen Nationalpark zu errichten. Der Wapusk National Park vertritt das Naturgebiet der Hudson-James Lowlands. Während das Areal sich durch Vielfalt und Reichtum an wild lebenden Arten auszeichnet, sind es vor allem die Eisbären, welche die Fantasie der Menschen gefangen nehmen und für die Region geradezu symbolische Bedeutung haben. Diese großartigen Tiere in freier Wildbahn zu sehen, ist ein Erlebnis, das man nie mehr vergisst. Im Wapusk National Park können Besucher einen kleinen Teil jener Welt kennen lernen, in der die Eisbären zu Hause sind.

Parks Canada setzt weltweit Maßstäbe im Hinblick auf den Schutz und die Bewahrung der Natur. Es gehört zum Auftrag der Parks, die Natur als unser Erbe zu schützen und zu präsentieren, um öffentliches Verständnis, Wertschätzung und Freude daran zu fördern und so sicherzustellen, dass diese Gebiete für zukünftige Generationen unversehrt erhalten bleiben.

Für die Parkverwalter ist oberstes Gebot, darauf zu achten, dass das ökologische Gleichgewicht in den Nationalparks bewahrt wird. Im Wapusk National Park befindet sich der größte Teil des Geburtshöhlen-Areals der Eisbärenpopulation westlich der Hudson Bay. Die Parkverwaltung untersagt alle menschlichen Aktivitäten im Geburtshöhlen-Areal, welche die trächtigen Bärenweibchen stören könnten; nur kontrollierte und geführte Besuche sind in diesem Gebiet erlaubt.

Parks Canada
Parcs Canada
Wapusk
National Park
of Canada
Wapusk
Parc national
du Canada
Canada

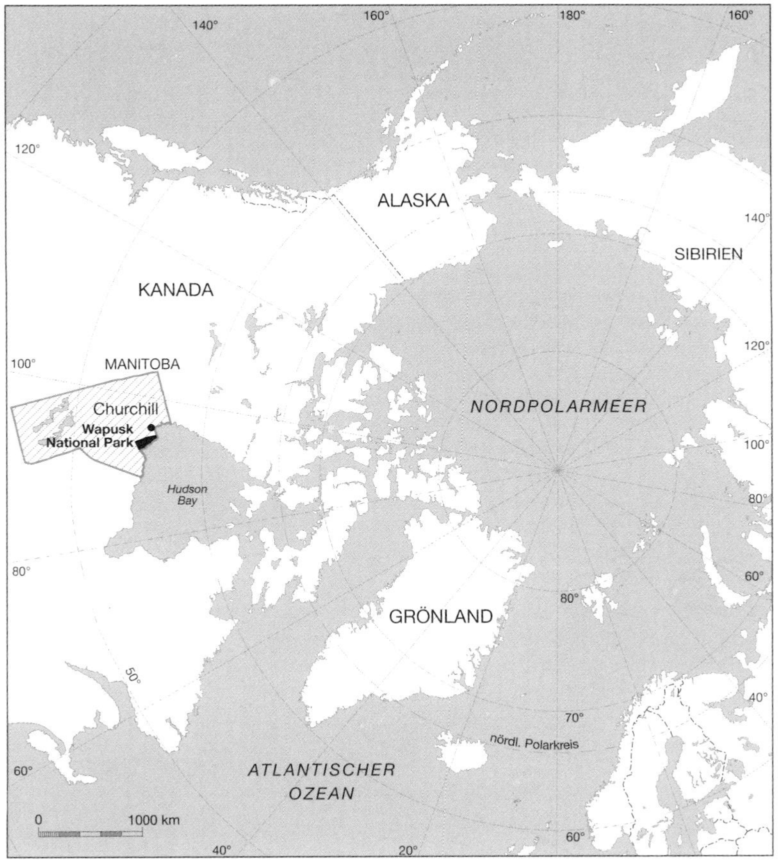

Während der Wapusk National Park den Lebensraum der Eisbären schützen und dafür sorgen kann, dass sie innerhalb des Parks nicht gestört werden, sind globale Kräfte am Werk, die für die Parkverwaltung nicht kontrollierbar sind. Die größte Gefahr für die Eisbären ist die Klimaveränderung. Aufgrund der Klimaerwärmung und des Rückgangs der Eisdecke im Nordmeer haben Eisbären eine unsichere Zukunft. Ganz gleich, in welchem Land, an welchem Ort jemand lebt – jeder kann mithelfen, das Überleben der Eisbären zu sichern und die Treibhausgas-Emissionen zu reduzieren.

Cam Elliott
Superintendent des Wapusk National Park of Canada

Motivation

Warum habe ich mir gerade kleine Eisbären als Fotomotiv ausgesucht? Muss ich doch dazu in den hohen Norden Kanadas, in die Provinz Manitoba, fliegen und stunden-, manchmal tagelang im Schnee ausharren, um sie fotografieren zu können.
Im Februar herrschen in der kanadischen Arktis oftmals unter 40 Grad Kälte, die Hände und Füße sind steif gefroren, der eisige Wind beißt einen ins Gesicht wie tausend Nadelstiche und sorgt zusätzlich für Schneetreiben und Schneeverwehungen, was die Suche nach den kleinen Eisbären zu einem äußerst mühevollen Unterfangen macht.
Die lange und teure Reise, die Anstrengung und die Kälte, alles das sind keine Argumente für die Eisbärenfotografie. Und doch gibt es kaum etwas Schöneres für mich, als die Bärenkinder mit ihrer Mutter zu beobachten, wie sie miteinander spielen, raufen und schmusen und schließlich zu ihrer langen Wanderung zur Hudson Bay aufbrechen.

Ich habe bei meinen Aufenthalten in der kanadischen Arktis viele Einblicke in das Leben der Bären bekommen. Aber jedes Mal verläuft es anders – die Szenerie und die Situationen wiederholen sich nie. Immer spüre ich eine starke Anspannung, bis unsere Spurensucher die Bären – manchmal erst nach tagelangem Suchen – gefunden haben. Wenn es endlich so weit ist, bin ich zuerst schrecklich aufgeregt: Eine Höhle mitten im Schnee – eine kleine schwarze Nase – man hält den Atem an – und ein weißes Gesicht kommt zum Vorschein. Vorsichtig und ein wenig neugierig guckt ein Eisbärenjunges hervor. Hinter ihm schiebt sich langsam der Kopf der Mutter nach. Für diesen einen Moment vergesse ich alles um mich herum; wie in Trance betätige ich den Auslöser der Kamera. Das endlose Warten hat sich gelohnt, die vielen Strapazen sind vergessen – und mich durchdringt das Gefühl von unbeschreiblichem Glück. Solche Augenblicke gehören zu den aufregendsten und schönsten im Leben eines Tierfotografen.

Zielstrebig wandert die Eisbärenmutter mit ihren Drillingen Richtung Hudson Bay.
Rechts: Zum Ausruhen hat sich diese Bärin mit ihren Jungen einfach einschneien lassen.

Der Weg zum Ziel

Leidenschaftliche Begeisterung und Zuneigung für die weißen Riesen der Arktis und ihren Nachwuchs sind eine Voraussetzung, um alle Kosten und Mühen auf sich zu nehmen – doch eine gute Organisation ist mindestens ebenso unabdingbar, um tatsächlich zum Ziel zu gelangen. Dazu gehört an erster Stelle eine Genehmigung des Wapusk National Parks, eine Fototour unternehmen zu dürfen. Denn der Wapusk National Park in der Provinz Manitoba gehört zu den wenigen Gebieten auf der Welt, in denen kleine Eisbären aus der Nähe – bis zu einer Entfernung von ca. 100 Metern – beobachtet werden können. Die Genehmigung wird nur einer begrenzten Zahl von Besuchern und unter Auflage strenger Regeln erteilt.

Seinen Namen hat der Wapusk National Park von den weißen Riesen bekommen. „Wapusk“ heißt in der Sprache der Cree-Indianer „weißer Bär“.

Der Park hat eine Größe von 11475 Quadratkilometern. Er ist unter anderem zum Schutz der etwa 1200 Geburtshöhlen eingerichtet worden, in denen die Eisbärenweibchen ihre Jungen zur Welt bringen. Zur Zeit der Geburten halten sich etwa 150 bis 200 weibliche Tiere in diesem Gebiet auf. Somit besitzt der Park eine sehr hohe Dichte an Geburtshöhlen im weltweiten Vergleich. Die Geburtshöhlen nennt man auf Englisch „dens“. Deshalb wird das Gebiet auch als „denning area“ bezeichnet.

Die Churchill-Polar-Bear-Denning-Area liegt etwa 70 Kilometer südlich von Churchill und ist eines von 17 Gebieten weltweit. Weitere große „denning areas" gibt es auf Wrangel Island, in Russland und auf Kong Karls Land in Spitzbergen, das zu Norwegen gehört.

Den entscheidenden Anteil daran, dass ein Vorhaben wie meines gelingen kann, hat Wat'chee Lodge. Die indianischen Besitzer und Mitarbeiter sorgen nicht nur für Unterkunft und Verpflegung der Parkgäste und stellen spezielle Schneefahrzeuge, Fahrer und Führer zur Verfügung. Sondern sie kümmern sich auch um das Wichtigste überhaupt, nämlich darum, die Bären in der weißen arktischen Weite ausfindig zu machen.

„Wat'chee" ist ebenfalls ein Wort der Cree-Indianer und bedeutet „ein mit Bäumen bestandener Hügel in der Mitte der Tundra". Auf einem solchen Hügel, etwa 40 Meilen südlich von Churchill, direkt an der Grenze des Wapusk National Parks, liegt die Wat'chee Lodge und bietet eine fantastische Aussicht über die Hudson Bay Lowlands. Und weil die Besitzer der Lodge, Morris und Michael Spence, die Eisbären lieben, ist ihnen ein eigenes Kapitel gewidmet.

Besorgt hält die Bärenmutter nach ihrem zweiten Jungen Ausschau. Sie mag es gar nicht, wenn die Kleinen sich außer Reichweite entfernen; Eisbärenfamilien brauchen Körperkontakt.

Eisbärenleben

Je mehr ich über die großen weißen Bären erfahren habe, desto mehr ist meine Bewunderung für diese Tiere gewachsen. Eisbären haben sich optimal an ihren Lebensraum angepasst, der mindestens zu zwei Dritteln des Jahres von Eis und Schnee bei tiefsten Minustemperaturen und einem nur einige Monate lang dauernden Nahrungsangebot bestimmt wird.

Seinen lateinischen Namen Ursus maritimus – der Meerbär – hat der Eisbär für seine hervorragenden Schwimmfähigkeiten bekommen. Trotz seiner Riesengröße und seines enormen Gewichts ist er ein vorzüglicher Taucher und kann ohne Probleme 100 Kilometer weit schwimmen. Aber auch an Land ist er sehr wendig und beweglich, kann fünf bis sechs Kilometer in der Stunde laufen und schafft es bei der Jagd sogar, einen kurzen Sprint hinzulegen.

Der männliche Eisbär gehört mit einer Körperlänge von bis zu 2,60 Metern und einer Schulterhöhe von etwa 1,60 Metern zu den größten Landraubtieren der Erde. Ausgewachsen und nach einer guten Jagdsaison kann er bis zu 700 Kilogramm wiegen.

Die Weibchen sind nur etwa halb so groß und wiegen etwa 200 bis 300 Kilogramm; doch wenn trächtige Tiere ihre Geburtshöhle aufsuchen und sich zuvor eine ordentliche Fettschicht anfressen konnten, schaffen sie es auch auf bis zu 500 Kilo. Eisbärenjunge dagegen sind bei der Geburt ausgesprochen winzig und wiegen nur 600 bis 700 Gramm. Ausgewachsen sind Eisbären erst mit etwa fünf oder sechs Jahren – und können ein Alter von etwa 15 bis 25 Jahren erreichen. Ihr Vorkommen ist auf Alaska, Grönland, Nordkanada, Sibirien und Spitzbergen begrenzt.

Eisbären leben mit dem Eis. Überall an den Küsten der Kontinente und Archipele rund um die Arktis trotten sie durch Eis und Schnee und haben nur einen einzigen wirklichen Feind: den Menschen. Trotz arktischer Kälte frieren sie nicht, denn das Eisbärenfell ist etwas ganz Besonderes. Jedes Haar des Pelzes ist durchsichtig. So treffen die Sonnenstrahlen mit voller Kraft auf den Körper des Bären. Die Haut unter dem Fell ist schwarz und absorbiert so optimal die Sonnenwärme. Die längeren Fellhaare im Unterfell binden die

Wärme an die Körperoberfläche des Eisbären, indem die Luftbewegung zwischen den Haaren eingeschränkt wird. So entsteht eine hervorragende und zudem noch leichte Wärmedämmung. Doch bei keinem Tier, auch beim Eisbären nicht, kann der gesamte Körper gegen Kälte mit Pelz bekleidet sein. Augen, Mund, Nase und Sohlen müssen notwendigerweise unbedeckt bleiben. Auch überschüssige Wärme, wie zum Beispiel nach einem Sprint, kann durch die unbehaarten Körperpartien abgegeben werden. An Land, das heißt auf Eis und Schnee, funktionieren seine unbehaarten Fußsohlen überdies dank kleiner Papillen und Hohlräume wie Saugnäpfe; so kann ein Eisbär auch auf dem glattesten Untergrund praktisch nicht ausrutschen. Im Wasser jedoch helfen dem Eisbären weder Pelz noch Saugfüße, sondern nur seine Schwimmleistung und eine bis zu zehn Zentimeter dicke Fettschicht, die eine ausgezeichnete Wärmeisolierung abgibt. Dank dieser Fettschicht kann er ausdauernd im eiskalten Wasser schwimmen. Seine überproportional großen Pranken dienen ihm dabei als exzellente Paddel.

Im Gegensatz zu ihren dunkelpelzigen Verwandten sind Eisbären vorwiegend Fleischfresser. Die eigentliche Jagdsaison der weißen Riesen liegt in der Eisperiode, wenn das Land mit Schnee und Eis bedeckt ist und die Meeresbuchten zugefroren sind. Ihre bevorzugte Beute sind Ringelrobben; mit einem einzigen Prankenhieb können die Bären sie töten. Nicht nur ihr weißes Fell, das eine perfekte Tarnung darstellt, sondern vor allem ihr ausgeprägter Geruchssinn, mit dem sie eine Robbe unter Umständen bis auf einen Kilometer weit riechen können, macht sie zu perfekten Jägern. Manchmal erlegen sie auch Bartrobben; nur sehr selten jagen sie Walrosse, Narwale oder Belugas. (Allerdings verläuft nur etwa jede zehnte bis fünfzehnte Jagd erfolgreich, das heißt, endet mit einer fetten Fleischmahlzeit.) Wenn in der Hudson Bay im Spätsommer und Herbst das Eis verschwunden ist, ernähren sich die Bären auch von Tang, von den Beeren und Gräsern der Tundra oder sie fressen Aas. Die eisfreie Zeit bedeutet für die Eisbären also in erster Linie Diät halten oder hungern. Infolgedessen bewegen sie sich in dieser Zeit nur sehr wenig und energiesparend, schlafen viel und zehren von ihrer zuvor angefressenen Speckschicht. Vor allem die Eisbärenmütter sind wahre Hungerkünstler. Abgesehen von den Weibchen, die ihre Jungen allein aufziehen, leben Eisbären die meiste Zeit als Einzelgänger. Nur zur Paarungszeit von Ende März bis Ende Mai geben sie ihr Einzelgängerleben auf. Die Männchen bleiben so lange beim Weibchen, bis es empfängnisbereit ist und die Paarung erfolgreich war. Während dieser Zeit versuchen die dominanten Männchen ihre Rivalen vom empfängnisbereiten Weibchen fern zu halten, um ihre eigene Fortpflanzung sicherzustellen. Dabei kann es auch schon einmal zu heftigen Kämpfen kommen, die aber so gut wie nie tödlich enden.

Einzigartig ist das, was nach der erfolgten Paarung mit den Weibchen geschieht: Das befruchtete Ei nistet sich nämlich vorerst nicht in der Gebärmutter ein und entwickelt sich folglich auch nicht weiter. Denn jetzt gilt es für die Bärinnen, die kurze Jagdzeit, die ihnen noch bleibt, auszunutzen, um sich eine dicke Speckschicht zuzulegen.

Sie steigern ihr Gewicht um ein Vielfaches und mit den gespeicherten Fettmassen können sie jetzt bis zu 500 Kilogramm wiegen. Schon im Juli aber beginnt die Zeit des Hungerns, die für die Eisbärenmütter an der Hudson Bay bis zu acht Monate dauern kann. Ende September, Anfang Oktober nistet sich das befruchtete Ei in der Gebärmutter der Bärin ein, die Entwicklung des Embryos beginnt; die darauf folgende Tragezeit beträgt nur etwa 90 Tage. Ab Mitte Oktober ziehen sich dann die werdenden Mütter ins Landesinnere zurück, suchen sich eine Höhle oder graben sich eine neue. Zwischen Ende November und Anfang Januar bringen sie dann ihre Jungen zur Welt. Fast 70 Prozent aller Geburten sind Zwillingsgeburten. Manchmal ist es nur ein Junges und ganz selten werden Drillinge geboren. Die Jungen, die anfangs nicht größer als Ratten sind, werden dank der Pflege der Bärin und ihrer überaus nährreichen Milch recht schnell kräftiger. Im Februar verlassen sie dann in der Regel mit der Mutter ihre Kinderstube und wandern in Richtung des offenen Eises an der Hudson Bay.

Trotz der großen Fürsorge der Mutter überleben meist nur sechs von zehn Jungen das erste Jahr. Zum Teil sterben sie an Nahrungsmangel, nicht selten aber werden sie auch von älteren Artgenossen getötet oder von Wölfen gejagt.

Etwa zweieinhalb Jahre bleiben die Jungen bei der Mutter, die sie beschützt, nährt und von der sie das Jagen lernen; schließlich vertreibt sie die halbwüchsigen Bären und sie müssen ihre eigenen Wege gehen. Aufgrund der langen Familienzeit werden die Weibchen nur alle drei Jahre empfängnisbereit. Das wiederum erhöht die Konkurrenz unter den männlichen Tieren. Darin mag auch der Grund für ihre enorme Größe liegen.

Die augenblickliche Eisbärenpopulation wird auf 20 000 bis 30 000 Tiere geschätzt. Ungefähr 15 000 davon leben in Kanada. Die ausschließlich den Inuit erlaubten Abschüsse sind zwar streng limitiert, da die Eisbären vor über 100 Jahren fast ausgestorben wären.

Ihr Fleisch und ihr Fell waren sehr beliebt. Doch leider spielt in jüngster Zeit der wirtschaftliche Faktor wieder eine größere Rolle.

So hat die Regierung von Nunavut im Jahre 2005 über 500 Bären zum Abschuss freigegeben, um den Inuit die Möglichkeit zu geben, ihren „Eisbärenschuss" an einen Trophäenjäger für ca. 25 000 bis 40 000 US-Dollar zu verkaufen.
Eine ganz andere Bedrohung für die Eisbären ergibt sich aus der globalen Erderwärmung. Denn das Packeis friert immer später zu und bricht immer frühzeitiger auf. Die Hudson Bay ist das südlichste Verbreitungsgebiet der Bären, so dass sich der Klimawandel dort als Erstes bemerkbar macht. In den vergangenen 100 Jahren ist die durchschnittliche Temperatur um etwa 5 °C angestiegen. An der westlichen Hudson Bay ist die Bucht deshalb schon jetzt zweieinhalb Wochen weniger lang zugefroren als noch vor einigen Jahrzehnten. Den Eisbären verbleibt so immer weniger Zeit, um auf dem Packeis nach ihrer bevorzugten Beute, den Ringelrobben, zu jagen; die Hungerzeit wird länger. Dies ist vor allem für die Eisbärenmütter schlimm, da diese sich einerseits erst recht eine dicke Fettschicht anfressen müssen, andererseits wegen ihrer Kleinen die verbliebene Jagdsaison gar nicht ganz ausnutzen können. Aber auch für die jüngeren Bären ist die Entwicklung problematisch, denn sie schaffen es nicht mehr, die größer werdenden Distanzen zwischen den Eisschollen zu überbrücken. Mit jeder Woche, die das Eis früher aufbricht und ein Eisbär nicht fressen kann, verliert er einige Kilogramm seiner Speckschicht. Geht diese Entwicklung weiter, wären die Folgen auf lange Sicht für die Eisbären an der Hudson Bay dramatisch.
Deshalb ist es auch für das Überleben der Eisbären wichtig, dass die Industriestaaten der Erde endlich effiziente Maßnahmen ergreifen, um die globale Erwärmung zu stoppen.

Nordlichter in der arktischen Weite – *Aurora borealis*.

Die Spurensucher

Ohne Morris hätte ich kein einziges Foto von einem Eisbär machen können, hätte kaum ein Stück weißes Fell gesehen.

Morris Spence, Gründer, Mitbesitzer von Wat'chee Lodge, leidenschaftlicher Spurensucher und bester Freund der Eisbären, ist ein Native Cree Indian. Die Cree-Indianer gehören neben den Inuit und den Denè-Indianern zu den ersten Siedlern an der Hudson Bay und um Churchill; damit zählen sie zu den First Nations und gelten heute als einer der wichtigsten Stämme. Morris' Ahnen lebten ausschließlich von der Jagd: Sie stellten Fallen auf und jagten auf dem Eis und in den Wäldern Karibus, Elche und auch Eisbären für sich und ihre Familien. Anfang des 18. Jahrhunderts ließen sich die ersten weißen Siedler in der Region nieder und tauschten mit den Cree Waren gegen Pelze. Zunehmend wurden die Indianer als Pelzlieferanten in die Handelsgeschäfte der Hudson's Bay Company eingespannt, schließlich in Communities eingeteilt und in ihren Freiheiten immer mehr beschnitten. So wurden die Cree von der wechselvollen wirtschaftlichen Entwicklung der Hudson's Bay Company abhängig. Als 1929 schließlich die Eisenbahn nach Churchill kam, änderte sich noch viel mehr – zugunsten der Weißen. 1931 wurde der so genannte Port Churchill fertig gestellt, was einen weiteren Einschnitt in das Leben der sich Natur und Wildnis verbunden fühlenden Indianer bedeutete. Die Cree wechselten auf die andere Seite des Churchill River, wo auch heute noch der Ort Churchill mit rund 900 Einwohnern – Natives und Weiße in friedlicher Koexistenz – existiert.

Welcome to
The Town of
Churchill
Latitude 58° 45' North Longitude 94° 09' West
Polar Bear Capital of the World
Bird Watchers Paradise
Late May through September
Beluga Whale Capital of the World
Late June to Late August
Nature's Lightshow - Aurora Borealis
Late November through Late March

Heute besitzen noch einige Cree-Familien Trapperland in der Umgebung des Wapusk National Parks. Sie nutzen die Jagd, aber nicht mehr kommerziell, sondern vielmehr um ihre Traditionen zu bewahren.
Auch Morris, Michael und James Spence haben von ihrem Vater Trapperland geerbt. Morris und James nutzen heute noch ihre Trapline zum Jagen. Das Land befindet sich östlich der Bahnlinie und reicht bis in den Wapusk National Park hinein. Dieses Gebiet kennen die Brüder von klein auf – es ist ihre Heimat. Die Geschichte begann, als Morris eines Tages aus dem Trapperland zurückkehrte und seinem Bruder Michael berichtete, dass er in einem Gebiet viele Eisbärenmütter mit ihren Jungen entdeckt hatte. Dort waren noch nie zuvor Eisbären bejagt worden. Vielleicht fühlten sie sich deswegen dort besonders sicher?

Auf Bärensuche: Mit unserem Schneemobil fahren wir das Höhlengebiet ab.

Morris und Michael machten sich gemeinsam auf, um die Eisbärenfamilien aufzuspüren und zu beobachten. Sie waren so begeistert von ihren Erlebnissen, dass sie sich fragten: Wie wäre es, wenn sie es auch anderen Menschen ermöglichten, die jungen Eisbären und ihre Mütter zu sehen und einen Einblick in die Schönheit der Natur an der Hudson Bay zu bekommen? Natürlich sollten die Eisbären sich davon nie gestört oder gar bedroht fühlen, und deshalb dürften immer nur wenige Gäste untergebracht und zu den Eisbärenfamilien geführt werden ... So wurde die Idee zu Wat'chee Lodge geboren. Ihr Vater erklärte sie zwar für verrückt, willigte aber ein und erlaubte ihnen, das Trapperland für ihren Plan zu nutzen. 1994 konnten sie auf Wat'chee Lodge die ersten Gäste beherbergen und ihnen geführte Touren zu den kleinen Eisbären anbieten.

Die beiden Brüder hatten schon lange eine enge Zuneigung zu den Eisbärenmüttern und ihren Jungen gefasst, und daran war ihr Vater nicht unschuldig gewesen. Er hatte ihnen erzählt, dass er im Jahr 1933, lange vor Morris' und Michaels Geburt, von einer Eisbärenjagd zwei verwaiste Junge mitgebracht und an die Hudson's Bay Company verkauft hatte; diese hätte die Kleinen an einen Zoo weiterverkauft. Diese Geschichte hatte die Brüder mit großem Mitleid erfüllt, wussten sie doch, dass auch der beste Zoo diesen Tieren nie auch nur annähernd die Lebensbedingungen bieten könnte, die sie brauchten.

Umso mehr setzen sie sich nun dafür ein, dass die Eisbären weiterhin in der Wildnis leben können und ihr natürlicher Lebensraum so gut wie möglich erhalten bleibt. Dazu können die Gäste von Wat'chee Lodge nur nützlich sein, die die Eisbären fotografieren, sie erforschen oder über sie berichten wollen. Erst recht, wenn sie mittels Filmen, Presse oder Büchern ihre Begeisterung einer breiten Öffentlichkeit vermitteln und diese für den Erhalt dieses einmaligen Lebensraumes zu sensibilisieren versuchen.

Morris ist mit Leib und Seele Fährtensucher, Michael ist für das Organisatorische zuständig und fungiert als Fahrer. Auf den Touren wird Morris meist von seinem Freund Amuck begleitet. Zusammen sind sie ein unschlagbares Team. Nur sie bewältigen die große Herausforderung, die kleinen Eisbären in dem riesigen Gebiet zu finden. Morris liebt es, auf die Suche nach den jungen Bären zu gehen und kann es jedes Jahr aufs Neue kaum erwarten, dass der erste Schnee fällt und die Kälte über das Land kommt.

„Dies ist eine ganz besondere Zeit im Jahr für mich, wenn die Eisbärenmütter beginnen, zusammen mit ihren Kleinen aus den Höhlen zu kommen. Darauf freue ich mich jedes Mal wieder. Und ich bin froh, dass ich dieses Erlebnis mit Besuchern teilen kann, wenn auch sie sich daran freuen, die Eisbärenfamilien in ihrer natürlichen Umgebung zu sehen“, sagt Morris.
Die Natur im Wapusk National Park wechselt im Winter oft ihr Gesicht, je nach Wetter und Wind, und so ist es sehr schwer, die Geburtshöhlen der Bären zu finden. Doch Morris und Michael kennen den Wapusk National Park sehr gut. Sie wissen, wo man suchen muss und wie die Spuren zu lesen sind. Trotzdem bedarf es jedes Mal einer großen Anstrengung, die aber schnell vergessen ist, wenn sie die Kleinen gefunden haben. Weder eisige Kälte noch Schneeverwehungen oder technische Pannen können sie davon abhalten, mit ihren Ski-Doos auf die Suche zu gehen. Denn die Freude und das Glücksgefühl, wenn sie tatsächlich eine bewohnte Geburtshöhle, eine Eisbärenfamilie gefunden haben, sind für sie durch nichts zu ersetzen.

Aufbruch

Mit dem Flugzeug reiste ich von Winnipeg nach Churchill. Nach zweieinhalb Stunden Flugzeit landete ich endlich in der „Eisbärenhauptstadt“ an der Hudson Bay. Mitte Februar ist Churchill noch ruhig. Zu dieser Zeit verschlägt es nur wenige Touristen in diese Gegend.

Ich war hierher gekommen, um den „Nanuq“ zu sehen, wie der Eisbär in der Sprache der Inuit heißt. Doch von den Eisbären war weit und breit keine Spur zu entdecken! Kein Wunder, war doch die Hudson Bay seit Ende Oktober zugefroren und somit beste Jagdsaison für Eisbären. Diese ziehen zum Robbenfang weit auf das Packeis hinaus. Aber ich war nicht allzu sehr enttäuscht, denn ich wollte nicht vorrangig die großen weißen Riesen sehen, sondern mich auf die Suche nach den kleinen Eisbären machen, und dafür war diese Zeit günstig.

Zwei Tage später fuhr ich zur Wat'chee Lodge am rund 70 Kilometer von Churchill entfernten Wapusk National Park, wo ich zu den Geburtshöhlen der Eisbären vordringen wollte. Je näher ich meinem Ziel kam, desto größer wurden meine Anspannung und Vorfreude. Sollte ich das riesige Glück haben, die kleinen Bären zu Gesicht und vor meine Kamera zu bekommen?

In den Sommermonaten ist der Park ein riesiges Feuchtgebiet, gegliedert in Seen, Flüsse, Waldgruppen und offene Flächen.

Die sumpfige Tieflandebene bildet ein großes Torfmoor, dessen Torfschicht oft mehrere Meter beträgt. Dieses Gebiet ist noch unerschlossen, hier gibt es keine Infrastruktur. Es ist der Lebensraum der Eisbären, Schwarzbären, Wölfe, Vielfraße, Rot- und Eisfüchse, Elche, Karibus, Eulen und Falken. Fast 200 Vogelarten brüten oder rasten in dieser Region.

Wolf *Canis lupus*

Karibus *Rangifer tarandus*

Schneehase *Lepus timidus*

Rotfuchs *Vulpes vulpes*

Schnee-Eule *Nyctea scandiaca*

Moorschneehuhn *Lagopus lagopus*

Im Winter beherrschen Schnee und Eis die Landschaft und machen Fremden wie mir jegliche Orientierung unmöglich.
Schon ein paar 100 Meter von der Lodge entfernt würde ich mich verirren. Niemals könnte ich selbst in dieser schier endlosen weißen Landschaft die Spuren der Bären finden. Ich musste meine ganze Hoffnung auf Morris, Michael und ihre Crew setzen.
Gleich am nächsten Morgen nach meiner Einquartierung in der Lodge machen wir uns auf. Wir: das sind zunächst Morris und sein Freund Amuck, die auf ihren schnellen, agilen Ski-Doos – kleinen offenen Motorschlitten – die Gegenden erkunden, wo sie bewohnte Höhlen vermuten. Und das sind ein paar andere Fotografen und ich sowie Michael. Wir steigen in die behäbigen „Bombardier"-Kettenfahrzeuge und in die zu Schneemobilen umgerüsteten Vans und zockeln langsam den Ski-Doos hinterher. Diesmal begleiten uns noch ein paar zusätzliche Guides auf Ski-Doos, die die nähere Umgebung erforschen.

Ein zugefrorener See nach starkem Schneefall – bedeckt von Schneewehen.
Rechts: Während die Mutter ruht, klettern die Drillinge auf ihr herum.

Die Suche

Zwei Tage waren wir schon vergebens unterwegs. Doch heute sind wir kaum eine halbe Stunde von der Lodge entfernt, da meldet sich Morris per Funk. Er hat die ersten Spuren entdeckt, ganz in unserer Nähe. Die ersten Spuren – mein Herz fängt an, schneller zu schlagen. Die Bärenfamilien sind also schon dabei, ihre Höhlen zu verlassen. Morris und die anderen Guides begutachten die Spuren und stellen schnell fest, dass sie schon zwei Tage alt sind. Zwei Tage können eine lange Zeit sein. Denn je nach Kondition und Wetterlage legen Eisbären zwischen 5 und 25 Kilometer am Tag zurück. In diesem Gebiet bedeutet das eine enorme Entfernung, da wir mit den großen Schneemobilen nur ziemlich langsam vorwärts kommen.

Ohne die Guides, die mit GPS und Satellitentelefon ausgerüstet sind, wäre ich hier verloren. Guter Spürsinn und viel Erfahrung haben die Cree-Indianer zu Spezialisten auf diesem Gebiet werden lassen. Sie haben es gelernt, mit und von der Natur zu leben. Sie verstehen die Zeichen der Wildnis und respektieren die Tiere und ihre Bedürfnisse. Nie würden sie es zulassen, dass die Eisbären gestört werden, und nie kommt es zu gefährlichen Begegnungen mit ihnen. Die Guides achten darauf, dass ein Sicherheitsabstand von etwa 100 Metern immer eingehalten wird.

Venture

Die Spurensuche geht weiter. Wir fahren die Gebiete ab, in denen sich schon in den letzten Jahren oft Höhlen befunden haben. Wir begegnen Karibus und Schneehühnern und sehen in der Ferne sogar vereinzelt einen scheuen Wolf – aber noch immer keine Bären. Die Zeit verrinnt, und langsam beginne ich mir Sorgen zu machen. Morris und Amuck beruhigen mich. Und sie behalten Recht: Wie aus dem Nichts tauchen erneut Spuren von Eisbären vor unseren Augen auf. Diese sind frisch, nur wenige Stunden alt. Die Aufregung steigt, wo sind die Bären? Die beiden Guides, Morris und Amuck, die mit den Ski-Doos schneller ein größeres Gebiet abfahren können, begeben sich auf die Suche.

Wieder warten wir. Endlich ertönen die lang ersehnten Worte aus dem Funkgerät: „We found a bear!" – Wir haben einen Bären gefunden. „Wie viele Jungen sind es?", fragen wir zurück. – „Zwillinge – wie fast immer."
Morris teilt die Position mit, Michael, unser Fahrer, gibt schnell die Koordinaten in das GPS ein, und los geht es.

Auch wenn es nur wenige Kilometer sind, dauert die Fahrt doch noch eine ganze Stunde. Wie gut, dass wir heute nur eine Außentemperatur von −18 Grad haben und auch kein starker Wind weht. Doch trotz arktistauglicher Kleidung bereiten wir vorsichtshalber die Handwärmer vor. Beim Beobachten und Fotografieren können schnell ein paar Stunden vergehen. Ohne Bewegung werden aus −20 Grad plötzlich gefühlte −40 Grad, insbesondere wenn doch noch Wind aufkommen sollte.
Meine Spannung steigt fast ins Unerträgliche. Wir sehen die Guides auf ihren Ski-Doos, aber wo sind die Eisbären? Unser Fahrer weist nach vorne: Da, vor einer Schneewehe, bewegt sich etwas.

Eine Bärenmutter mit zwei Jungen! Haben sie uns ebenfalls entdeckt? Schnell schnappe ich mir meine Fotoausrüstung, mache die Kamera bereit und steige aus dem Schneemobil; vorsichtig nähern wir uns den Tieren bis zur Distanzgrenze. Gleich habe ich die ersten Eisbärenkinder der Saison im Sucher. Halb unsicher, halb erstaunt gucken sie hinter der Mutter hervor, die erst argwöhnisch in unsere Richtung wittert, aber sich bald wieder beruhigt.
Vergessen sind Kälte und tagelanges Suchen nach den Bären.
Wir haben noch eineinhalb Stunden Licht und somit genug Zeit, um einen ersten Einblick in das Familienleben der Eisbären zu bekommen.

Canadä
ski-doo

Sonnenuntergang: Zeit, zur Lodge zurückzukehren.

Die Höhle

Ab Mitte Oktober haben die tragenden Bärinnen begonnen, sich eine Wurfhöhle zu suchen. Dazu begeben sie sich 50 bis 70 Kilometer ins Landesinnere. Oft wählen sie sich Höhlen an Südhängen aus, an denen die Nordwinde tiefe Schneewehen geschaffen haben und die Sonneneinstrahlung am größten ist. Entweder finden sie eine alte, bereits benutzte Geburtshöhle oder sie graben sich eine neue. Mit ihren großen Tatzen gräbt sich die Bärin schnell und tief ein und lässt sich einschneien. So verschwinden alle Spuren, die ihren Aufenthaltsort verraten könnten.

Je nach Schneemenge besteht das Lager aus einem ein bis sechs Meter langen Gang und einer geräumigen Höhle von drei oder mehr Quadratmetern. Sie befindet sich einige Meter tief unter der Erde und wird durch die Körpertemperatur der Bären so erwärmt, dass trotz arktischer Kälte draußen die Temperatur innen behaglich ist. Auch von den eisigen Winden ist hier nichts mehr zu spüren. Manchmal besitzt die Höhle noch eine Extraöffnung für die Frischluftzufuhr. Einmal hatte ich die Gelegenheit, in eine verlassene Höhle zu kriechen, und fand sie fast gemütlich; die Kratzspuren an den Innenwänden – kleine von den Jungen, recht gewaltige von der Bärenmutter – waren noch gut zu erkennen.

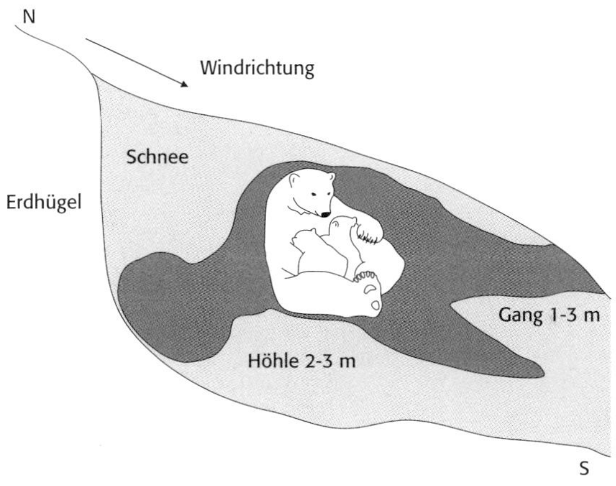

Herbst im Wapusk National Park: eine trächtige Bärin auf der Suche nach einer Geburtshöhle.

Zwischen Mitte und Ende Dezember kommen in der Regel die Jungen zur Welt. Anfangs sind sie noch nackt, blind und taub – und im Verhältnis zur Mutter sehr winzig. Ihr feines Fell wächst ihnen erst nach etwa zehn Tagen. Um sich zu wärmen, kuscheln sie sich zwischen den Beinen der Mutter ein. Aber sie haben scharfe und lange Krallen an ihren Tatzen. Mit diesen können sie sich gut an der Mutter festhalten, wenn sie an ihren Zitzen saugen. Die Milch der Bärenmutter schmeckt so ähnlich wie Lebertran und riecht nach Seehund, wodurch die Kleinen schon bestens auf ihre spätere Nahrung geprägt werden. Dank des hohen Fettgehaltes der Muttermilch von circa 30 Prozent sind die Kleinen nach vier Wochen kräftig genug, um herumzukrabbeln. Nach weiteren vier Wochen haben sie die Höhle erkundet, können miteinander spielen und herumklettern. Jetzt graben sich die Jungen selbst kleine Höhlen und Gänge und jagen sich gegenseitig durch das Tunnelsystem. Wenn die Tage wieder länger werden und die Sonne höher am Himmel steht, haben auch die heftigen Blizzards nachgelassen. Dann drängt es die Bärenfamilie, die Geburtshöhle zu verlassen: die Mutter aus Hunger, die Kleinen, weil es ihnen in der Höhle allmählich zu eng wird.

Diese Höhle war vor kurzem noch bewohnt.
Rechts: Diese Bärenkinder sehen zum ersten Mal das Tageslicht der Welt.

Die Eisbärenmutter blickt vorsichtig aus dem Loch. Aufmerksam beobachtet sie die Umgebung und wittert nach allen Richtungen: Ist die Luft rein? Denn die Sicherheit der Kleinen geht ihr über alles. Die Bärin entfernt sich nicht weit von der Höhle und versucht die Kleinen mit Rufen herauszulocken. Zögernd wagen sich die Jungen ins Freie, in die eisige Kälte. Doch dann siegen Neugier und Bewegungsdrang. Sie spielen und raufen miteinander und erforschen die Umgebung. Nie lässt sie die Mutter aus den Augen. Gleichzeitig lernen die kleinen Bären dabei schon die ersten Lektionen für das Überleben in der arktischen Wildnis. Meist bleibt die Familie noch einige Tage in der Nähe der Höhle, bevor die Mutter zur Wanderung Richtung Hudson Bay drängt.

Haben die Bären ihre Geburtshöhle endgültig verlassen, so nutzen sie häufig noch eine Tageshöhle, um vor einsetzenden Schneestürmen geschützt zu sein. Manchmal kann so ein Blizzard mehrere Tage andauern und die Eisbären von ihrer weiten Wanderung auf dem Eis zurückhalten. In die Geburtshöhle wird die Familie jedoch nie wieder gemeinsam zurückkehren.

Die Familie

Eisbären – die Herrscher der Arktis – zeigen ein ausgeprägtes Familienleben, das allerdings ohne den Vater stattfindet. Die Männchen sind Einzelgänger und nur während der Paarungszeit mit den Weibchen zusammen. Jungen Eisbären gegenüber könnten sie sogar gefährlich werden.

Ganz anders die Eisbärenmütter: Sie gehen sehr liebevoll mit ihrem Nachwuchs um und sind äußerst wachsam. Der Schutz der Kleinen hat absoluten Vorrang. Ständig beobachten sie die Umgebung. Sehen und hören können sie ungefähr so gut wie Menschen, doch ihr Geruchssinn ist um ein Vielfaches besser. So können sie mögliche Gefahren schon von weitem orten. Ob unsere Bärenmutter weiß, dass ihr von den komischen Zweibeinern mit ihren farbigen Pelzen und den blinkenden Kameras keine Gefahr droht?

Trotzdem dürfen die kleinen Bären sich nur wenige Meter entfernen, dann werden sie gleich mit einem Ruf zurückgeholt. Tauchte nun ein potenzieller Feind in der Nähe auf, dann würde die Bärenmutter eher versuchen, sich und ihre Jungen in Sicherheit zu bringen, statt anzugreifen; denn sonst müsste sie sich ja von den Kleinen entfernen.

Auf jeden Fall scheinen Eisbärenmütter eine Riesengeduld zu besitzen. Die Kleinen dürfen nach Herzenslust herumtollen, Schneewehen hinabrutschen, sich raufen, beißen und die Mama als Kletterbaum benutzen. Hierbei zeigt sich auch schnell, welches der Jungen das aktivere und forschere ist.

Solche Spiele sind überlebensnotwendig, lernen die Kleinen dabei doch wichtige Verhaltensweisen für ihr späteres Leben. Schließlich sollen die Eisbärenkinder einmal zu den größten Landraubtieren der Erde heranwachsen.

Aber selbst nach dem längsten und schönsten Spiel ist einmal eine Ruhepause angesagt. Dann kuscheln sich die Kleinen in Mamas Pelz und schlafen. Mama Bär ist eben auch ein herrlicher Ruheplatz.

Die Kleinen fangen an, die nähere Umgebung zu erforschen, doch die Bärin weiß genau, wo sie sind.

Die Wanderung

Schon kurz nach dem Verlassen der Geburtshöhle macht sich die kleine Familie auf den Weg zur Hudson Bay, der großen Meeresbucht im Nordosten Kanadas, wo das Eis der Arktis beginnt. Dort finden sie jetzt ihre Lieblingsbeute: junge Ringelrobben. Etwa acht Monate hindurch hat die Mutter gehungert und ausschließlich von ihren Körpervorräten gezehrt. Nun ist sie stark abgemagert, hat einen enormen Appetit und treibt die Jungen zur Wanderung an. Doch der rund 60 Kilometer lange Marsch ist anstrengend und die Kleinen müssen erst kräftiger werden. Um diesen weiten Weg zu bewältigen, benötigen sie ein Mindestgewicht von zehn Kilogramm.

Während dieser Zeit ist die Mutter immer zwischen ihrem großen Hunger und dem Wohlergehen der Jungen hin und her gerissen. Beschleunigt sie den Schritt, haben die Jungen noch viel Mühe, ihr zu folgen, auch wenn sie schon eine erstaunliche Ausdauer an den Tag legen.

Immer wieder macht die Bärin eine Pause, sucht Schutz in den Schneewehen und säugt ihre Jungen mit fetter Muttermilch. Für den anschließenden Verdauungsschlaf finden die Jungen zwischen den Beinen der Mutter ein warmes und kuscheliges Lager.

Wenn die Ringelrobben ihre Jungen haben, beginnt die Jagdsaison der Eisbären. Die Robbenjungen verharren ruhig in Schneelöchern und warten darauf, dass ihre Mütter von der Nahrungsaufnahme zurückkehren. Auf dem weiten Schneefeld ist nichts von der Höhle der Robben zu entdecken. Eisbären können aber mit ihrer feinen Nase die Wurfplätze und Atemlöcher ihrer Lieblingsspeise oft schon von weitem riechen. Stundenlang warten sie regungslos, bis sie die Robben wittern oder auch hören. Geduld gehört mit zu den besonderen Stärken der Bären. Die Jagd auf erwachsene Robben ist ein sehr viel schwierigeres Unterfangen und erfordert von den Eisbären ein hohes Maß an Geschicklichkeit und Erfahrung, ohne die der Erfolg oft ausbleibt.

Für die jungen Eisbären beginnt jetzt ein neuer Lebensabschnitt. Sie müssen der Mutter beim Beutefang zuschauen und alle Dinge, die für das Überleben wichtig sind, lernen: das Verhalten gegenüber Artgenossen, die Jagd nach den Beutetieren und wie sie die großen Treibeisfelder überwinden können. Auch hier erweist sich die Eisbärin als überaus geduldig – mindestens zweieinhalb Jahre lang.
So lange bleibt die Eisbärin mit ihren Jungen zusammen. Dadurch entwickelt sich in der Familie auch eine feste Bindung untereinander. Groß ist die Trauer, wenn eines der Jungen stirbt.
Immer weiter geht die Wanderung über das Packeis. Die Jungen werden von Tag zu Tag kräftiger. Erstmals erleben sie einen kurzen arktischen Sommer. Nach einem halben Jahr versuchen die kleinen Bären auch selbst zu jagen, was aber zunächst nicht sehr erfolgreich verläuft, denn die Robbenjagd ist keineswegs so einfach, wie es bei der Mutter aussieht.
Schnell wird es wieder kälter, der erste Schnee fällt und der Winter beginnt erneut. Diesmal suchen sich die Eisbären keine Höhle.
Die Familie verbringt den ganzen Winter auf dem Eis. Zum ersten Mal erleben die Jungen die Schneestürme und die Dunkelheit des Winters im Freien. Auch wenn sie nun schon kräftige Jungbären sind, ist es eine harte Prüfung für sie.

Nach dem zweiten Sommer jagen die Bären immer selbstständiger. Die Mutter säugt sie nur noch selten und lässt sie immer öfter unbeaufsichtigt. Nun unternehmen die jungen Bären ihre Ausflüge meist allein und erforschen weiträumig die Umgebung.
Schließlich bricht erneut der Winter für die Geschwister herein, aber Probleme haben sie jetzt damit nicht mehr. Wenn es jedoch zum dritten Mal Frühling wird, verhält sich die Eisbärenmutter immer abweisender zu den Jungen, beißt sie weg, lässt sie nicht mehr trinken und ist auch nicht mehr ohne weiteres bereit, ihre Beute mit ihnen zu teilen. Bald, im April oder Mai, wird sie sich wieder mit einem Bärenmännchen paaren und im darauf folgenden Herbst in die „denning area“ des Wapusk National Parks zurückkehren.
Nun ist die Zeit gekommen, dass sich die kleine Familie trennen muss und jeder seine eigenen Wege geht.

Ein erfolgreicher Fototag ist zu Ende – in der Lodge wartet das Abendessen.

Fotografieren im Eis

Seit einigen Jahren benutze ich nur noch digitale Spiegelreflexkameras, da Auflösung, Qualität und Akkuleistung sich heute schon auf einem hohen Niveau befinden.
So sind auch die Aufnahmen im Buch ausschließlich digital entstanden. Das Canon Equipment ist für meine Bedürfnisse perfekt. Die Teleobjektive haben eine Bildstabilisierung, die besonders für die Tierfotografie von Nutzen ist. So kann ich auch bei heftigem Wind und aus dem fahrenden Schneemobil hinaus scharfe Aufnahmen machen. Auch die Kälte stellt kein größeres Problem mehr dar, da ich jede Stunde den überfrorenen Akku gegen einen warmen aus der Daunenjacke austausche.

Ein großer Vorteil der Digitalkameras ist, dass keine Filme mehr beim Zurückspulen reißen können. Eine Serie von Aufnahmen braucht nicht mehr unterbrochen zu werden, weil ich nicht nach 36 Fotos erst den Film wechseln muss. Die Finger bleiben warm, und das ist bei –40 Grad nicht gerade unwichtig. So beschränkt sich das „Filmmaterial“ auf einige Speicherkarten.
Aufnahmen von Eisbären erfordern oft eine Überbelichtung, die aber sehr stark von der momentanen Lichtsituation abhängig ist; diese kann in der arktischen Region sehr stark schwanken. Bei der Digitalkamera reicht ein kurzer Blick auf den Monitor und die richtige Belichtung ist schnell gefunden.

Hohe ISO-Werte wie ISO 400 oder ISO 800 sind mit einer 16,7 Millionen-Pixel-Kamera kein Problem. Die Bildqualität lässt weiche Übergänge zu und auch feine Details gehen nicht verloren. So ergibt sich ein großer Belichtungsspielraum. Mithilfe einer speziellen Bildbearbeitungssoftware können noch geringe Korrekturen vorgenommen werden. Voraussetzung dafür ist allerdings, dass die Aufnahmen im Format RAW belichtet wurden. Für mich gibt es daher keine Alternative zu diesem Format, um später die höchste Qualität bei den Fotos zu bekommen.

Die letzten Jahre habe ich verschiedene Digitalkameras benutzt. Folgende Ausrüstung hat sich für die Eisbärenfotografie bewährt:
Kameras Canon EOS: 1DS MKII, 1D MKII, 1DS, 10D
Objektive: EF 15 mm f/2,8 Fisheye, TS-E 24 mm f/3,5 L,
EF 16-35 mm f/2,8 L, EF 24-70 mm f/2,8 L,
EF 70-200 mm f/2,8 IS L, EF 100-400 mm f/4,5-5,6 IS L,
EF 500 mm f/4,0 IS L, EF 600 mm f/4,0 IS L
Zubehör: Telekonverter 1,4x und 2,0x, Blitz: 580EX,
Zwischenringe: EF 12 und EF 25
Stativ: Gitzo Carbonstativ mit Wimberley Head.
Speicherkarten: von 1 GB bis 4 GB, ein mobiler Festplattenspeicher, ein Apple PowerBook und außerdem ein wasserdichter Pelikoffer, der besonders bei den hohen Temperaturunterschieden von oft über 30 °C sinnvoll ist.

Da mich Kamera und Objektive noch nie bei Temperaturen unter –40 °C in Stich gelassen haben, sehe ich der digitalen Zukunft positiv entgegen. Man muss die Vorteile erkennen und nutzen, um das Erlebnis Wildlife-Fotografie auch weiterhin zu etwas Besonderem zu machen.
Alle Aufnahmen sind digital entstanden, wurden aber nicht digital manipuliert. Ich habe lediglich Korrekturen an Farbe, Tonwert und Schärfe vorgenommen sowie Ausschnitte festgelegt.

Der Himmel verändert sich ständig im kanadischen Norden, und die flach stehende Sonne
sorgt für besonders schöne Lichtstimmungen.

Danksagung

Dieses Buch soll eine Hommage an ein Tier sein, das nicht nur ein Raubtier ist, sondern auch ein liebevolles und verspieltes Tier mit einem ausgeprägten Sinn für Familienleben.
Besonderer Dank gilt meiner Freundin Steffi für ihre Geduld und praktische Hilfe, die mich immer bei meinen Projekten unterstützt. Auch meinen Eltern möchte ich danken für ihre anhaltende Hilfsbereitschaft.
Dank gebührt ebenso Morris Spence als dem besten Guide, Eisbärenkenner und Freund und seiner Familie, meinen Freunden Michael Spence und Lawreen Reid für die immer hervorragende Organisation, Unterstützung und Hilfe, dem gesamten Trekking-Team der Wat'chee Lodge: James, Amuck, Gordon, Norman, Tommy, Ernest – und Darryl für die beste Verpflegung in ganz Kanada.
Danken möchte ich ebenfalls Cam Elliott, dem Parkleiter des Wapusk National Parks, für seine professionellen Ratschläge und die freundliche Unterstützung bei diesem Buchprojekt, Alex, mit der ich meine Ideen teilen konnte und die viele Dinge für mich in meinem Buch umgesetzt hat, Dr. Isolde Wrazidlo für die sehr freundliche und professionelle Bearbeitung des Textes,
Dr. Ian Stirling für die Beantwortung meiner Fragen und die Erstellung der biologischen Fakten, Tina für die Textgestaltung und natürlich dem Team des C.J. Bucher Verlags für seine Unterstützung und seine sehr freundliche Hilfe, besonders Gerhard Grubbe, der von Anfang an begeistert war und durch seine Fürsprache beim Verlagshaus dieses Buch möglich machte.

Our Wilderness Will Touch You
Watchee
Our Wilderness
Will Touch You

Mein Dank geht auch an Julia Fuchshuber, ohne deren Mithilfe es dieses Buch so nicht gäbe, an Rosamund Kidman Cox für die Unterstützung des Buchprojekts und die professionellen Worte, an Sophie Stafford sowie an das gesamte BBC Wildlife Team, an Venita Kaleps und das gesamte GEO/GEOlino Team, an Lisbeth Brünnich und das Team von Illustreret Videnskab, die mit ihren Fotostorys für eine tolle Eisbärenwerbung gesorgt haben.

Außerdem danke ich Norbert Rosing, der nicht nur ein guter Kollege, sondern durch viele tolle Gespräche zu einem guten Freund geworden ist, dem gesamten Canon CPS Team für die freundliche Hilfe und den hervorragenden schnellen und kompetenten Service, wenn es mit meinem Equipment Probleme gab. Und Dank all denen, die mich sonst noch bei meinem Projekt unterstützt haben.